Marion Albers

ulmer

FILMREIFE HUNDETRICKS

Tricktraining – nicht *nur* für angehende Filmhunde

INHALT

TAKE
BOLL
24

RENATE'S

VORWORT

Seit 2005 kenne ich Marion Albers, damals war sie eine engagierte Trickdoggerin und eine der ersten, die Trickdogturniere in Deutschland ausrichtete. Daran, dass Marion auf den Beruf des Filmtiertrainers aufmerksam wurde, bin ich nicht ganz unschuldig, denn ich bin seit 30 Jahren mit meiner Filmtierschule im Geschäft. Obwohl unsere Werdegänge total verschieden sind, haben wir doch die gleiche Denkweise und Herangehensweise an den Beruf, gerade was die Anforderungen an einen Filmhund und dessen Training betrifft. Die Vierbeiner und deren Belange stehen für Marion immer an erster Stelle und dies wirkt sich positiv auf ein gutes und professionelles Filmhundetraining aus.

In diesem Buch, das ich mit großem Interesse gelesen habe, führt sie die wichtigsten Punkte für ein gutes Filmtiertraining und viele Tipps für einzelne Trainingsschritte auf. Für jeden Hundebesitzer, der glaubt, einen vierpfotigen Schauspieler an der Leine zu haben, ist es eine praxisnahe Einführung und Anleitung. Sachlich und ohne viel Schnickschnack beschreibt Marion, worauf es beim Filmhundetraining wirklich ankommt.

Bitte bedenken Sie, dass nicht jeder Hund gerne vor der Kamera steht – auch wenn er vielleicht die tollsten Kunststücke drauf hat! Dies zu erkennen ist Ihre erste Aufgabe als fürsorglicher Hundehalter und Tiertrainer. Und wenn es dann soweit ist: Gehen Sie behutsam und vor allem immer mit sehr viele Freude und Spaß an das Training heran.

Ich wünsche Ihnen mit dieser unterhaltsamen und lehrreichen Lektüre viel Freude und Erfolg mit Ihrem Hund. Und wer weiß – vielleicht wird ja der ein oder andere Vierbeiner ein kleiner Filmstar!

Mit lieben Grüßen
Renate Hiltl
Renates Film-Tier-Ranch

HOLLYWOOD
Hundebuch
PRODUCTION
DIRECTOR
Peter
CAMERA
TAKE
SCENE
DATE

ZUM FILMSTAR GEBOREN!

DAS WESEN EINES HUNDE-STARS

Viele Filmhunde waren vorher sogenannte Trickdogs und damit Hunde, denen privat und zum Spaß viele Tricks beigebracht wurden. Meist glänzten sie zusätzlich mit sehr gutem Grundgehorsam.

Um eines Tages vielleicht wirklich vor der Film- oder Fotokamera zu stehen, sollte Ihr Hund folgende Eigenschaften mitbringen:

- Er sollte gelassen sein und sich von vielen Menschen und ihrem Treiben nicht einschüchtern lassen.
- Es gibt Vierbeiner, die stehen gern im Mittelpunkt. Ihrer ist so einer? Dann ist er richtig beim Film.

TIPP

Ihre Aufgabe ist es, sich um das Wohlergehen Ihres Hundes zu kümmern. Dazu gehört ebenfalls, für Ihren Vierbeiner für Feierabend zu sorgen, wenn er müde ist – auch, wenn die Szene vielleicht noch nicht ganz im Kasten ist.

- Ihr Hund sollte sehr viel Spaß an der Arbeit mit Ihnen haben, aufmerksam und bereit sein, sein Können wieder und wieder zu zeigen. Eine einzige kleine Filmszene wird bis zu 15 Mal gedreht!
- Ihr Hund sollte sich gut ausruhen können. So ein Filmtag besteht oft aus 50 Prozent Wartezeit, wegen Umbauarbeiten am Set oder hundlosen Einstellungen im Drehplan.
- Ihr Vierbeiner sollte gerne Autofahren. Kein Einsatz in der Medienwelt ist fußläufig erreichbar.
- Eine fremde Umgebung ist kein Problem für Ihren Liebling? Gut so, denn sowohl das Film-Set als auch bei längeren Dreh- oder Shootingarbeiten der Aufenthalt im Hotel oder in einer Ferienwohnung ist nicht jederhunds Sache.

Ich bin ein Star,
holt mich hier nicht raus!

„Klein und süß“ wird oft gewünscht, aber nicht nur! Auch Rottweiler, Retriever oder wuschelige Mischlinge sind gefragt.

Welcher Hundetyp wird gesucht?

Es gibt kein klares optisches „Beuteschema“ von Auftraggebern. Der eine wünscht sich einen kleinen und süßen Mischling, der nächste einen großen und respekteinflößenden Rassehund. Dem Nächsten ist die Optik egal und nur das Können zählt. Grundsätzlich kann man aber sagen, dass oft nach klassischen Familienhunden gefragt wird. Wenn dem so ist, geht es um alles, was etwa kniehoch ist und Ähnlichkeit mit einem Labrador oder Golden Retriever hat oder einfach hübsch wuschelig ist.

Es gibt jedoch einen bestimmten Hundetyp, der es sehr schwer hat, ein Star zu werden: Einfarbig schwarze Vierbeiner werden mit großer Wahrscheinlichkeit keinen Job bekommen. Das hat weniger etwas mit dem Klischee der Unbeliebtheit von schwarzen Hunden zu tun, sondern damit, dass es für eine Kamera sehr schwer ist, einen schwarzen Hund gut abzubilden und scharf zu bekommen.

Leichter drehen mit Doubles

Für große Filmproduktionen werden sehr gern vierpfotige Doubles gebucht. So wurde der berühmte Kommissar Rex laut einem Bericht in der TV-Movie abwechselnd von drei Schäferhunden dargestellt. Durch den Einsatz von gleich mehreren, ziemlich gleich aussehenden Hunden wird zum einen ein Ausfall des Hunde-Darstellers minimiert und zum anderen die Drehzeit mit dem tierischen Darsteller erweitert: Wenn Hund Nummer Eins eine Pause braucht, kann sofort Hund Nummer Zwei zum Einsatz kommen. Das Können von optischen Zwillingen oder sogar Drillingen ist außerdem unterschiedlich, so dass jeder nach seinen Stärken und seinem Können eingesetzt werden kann.

An dieser Stelle haben alle Mischlingshalter natürlich das Nachsehen. Selten gibt es von diesen Unikaten einen optischen Zwilling. Doch stecken Sie deswegen den Kopf nicht in den Sand. Auch ich habe eine Mischlingshündin und sie hat ganz ohne Double einen kompletten Spielfilm gemeistert.

Gleiche Rasse bedeutet nicht immer gleiches Aussehen. In diesem Fall würde die unterschiedliche Ohrenform zu sehr auffallen.

ABSTAND BITTE!

TRICKDOGGING VS. FILM-TRICKS: UNTERSCHIEDE

Beim klassischen Tricksen führt der Hund sein Können meist direkt neben oder sogar mit Ihnen aus. Bei den Filmtricks gelten aber andere Regeln!

Hierbei soll der Hund nicht Sie als „Zubehör“ nutzen, sondern fremde Personen. Auch die Art der Tricks ist beim Film anders: Meist geht es um das Zeigen von klassischen, alltäglichen Aktionen. Die Medienwelt hat in meiner Agentur noch nie Hunde angefragt, die Slalom um die Beine des eigenen Frauchens laufen. Vielmehr wird „natürliches“ Verhalten von den Auftraggebern gewünscht: Ein Hund, der vor Freude in die Luft springt. Oder Hunde, die Gegenstände apportieren und für bestimmte Kameraeinstellungen zuverlässig im Maul halten.

Für filmreife Tricks benötigen wir außerdem ein paar Meter „Luft“ zwischen Hund und Halter, denn am Film- oder Foto-Set muss zwischen Ihnen und Ihrem Hund mindestens noch der Kameramann passen. Beim Aufbau des Abstandes ist jeder Dezimeter mehr eine echte Herausforderung für den Hund!

Immer schön nah an Frauchen – davon muss sich Ihr Filmstar in spe wortwörtlich lösen.

Woraus Ihre Marke besteht, ist ziemlich egal – Hauptsache, Ihr Hund mag das Material unter seinen Pfoten.

Der Keks kommt zum Hund – nicht der Hund zum Keks

Lassen Sie ab sofort Ihre Kekse fliegen! Hat Ihr Hund sich einen Keks verdient, werfen Sie ihm den Keks hin. Er muss ihn dabei nicht fangen. Wichtig ist nur, dass der Keks in der Nähe des Hundes landet. Ihr Schüler wird ab sofort lernen, dass er auf seiner Position bleiben muss, um an seine Leckerei zu kommen. Kommt Ihr Hund zu Ihnen gelaufen, um sich seinen Lohn abzuholen, werfen Sie seinen Keks dennoch an die Stelle, an der er zuletzt gearbeitet hat.

Der Hund muss den Keks nicht unbedingt auffangen, er darf ihn auch vom Boden aufnehmen.

Marken als Abstandshalter einführen

Schnappen Sie sich eine Fußmatte oder ein Stück alten Teppich und legen Sie diese Matte auf den Boden. Sie ist jetzt die Marke für Ihren Hund, eine Art „Arbeits-Insel". Zeigt Ihr Vierbeiner an der Matte bereits Interesse, gibt es einen Click, ein Lob und einen Keks. Entfernen Sie sich mit Ihrem Hund von der Matte und gehen Sie dann erneut dorthin. Berührt Ihr Hund mit mindestens einer Pfote die Matte: Click, Lob, Keks! Wiederholen Sie den Vorgang so häufig, bis Sie erkennen können, dass Ihr Hund verstanden hat, dass er auf die Matte gehen soll. Ab hier können Sie dem Ganzen auch ein Kommando geben, zum Beispiel „Marke".

Arbeiten auf der Marke

Gehen Sie mit Ihrem Hund erneut zur Marke und fordern dort das erste einfache Kommando von ihm. Es wird vielleicht einen kleinen Moment dauern, bis er verstanden hat, dass er nun zwei Dinge gleichzeitig tun soll: Auf der Marke bleiben und ein Kommando ausführen! Geben Sie ihm Zeit, um darüber nachzudenken. Zu Beginn stehen Sie direkt an der Marke, nach und nach vergrößern Sie den Abstand, Zentimeter für Zentimeter. Zur gleichen Zeit achten Sie darauf, dass Ihr Hund auch wirklich mindestens eine Pfote auf der Marke hat.

Auch so ein unscheinbarer Kronkorken kann als Marke fungieren.

Sicherlich wird er versuchen zu schummeln und von der Marke weg wieder näher zu Ihnen zu kommen. Sobald er zuverlässig auf der Marke bleibt, entfernen Sie sich etwas und fordern ihn dann auf, ein Trick-Kommando auszuführen. Die Streber unter den Hunden bleiben brav dort. Ein Dreikäsehoch sagt sich hingegen: „Keine Marke – kein Abstand!" und kommt zum Ausführen des Kommandos einige Schritte auf Sie zu. Bringen Sie Ihren Hund dann möglichst emotionslos zurück, nehmen wieder Abstand und bitten ihn erneut, das von Ihnen gewünschte Kommando auszuführen.

Zur Marke schicken

Stellen Sie sich nun mit etwas Entfernung zur Matte auf. Ihr Hund ist bei Ihnen. Zeigen Sie auf die Matte und sagen zum Beispiel „Marke". Bestenfalls macht sich Ihr schlauer Trainingsbegleiter direkt auf den Weg und erwartet dort das nächste Kommando. Läuft es nicht direkt perfekt, ist das natürlich auch kein Problem: Verringern Sie den Abstand zur Matte. Wiederholen Sie das Vorgehen, bis Ihr Hund verstanden hat, dass er zur Matte laufen soll. Jetzt können Sie den Abstand zur Matte allmählich vergrößern.

TIPP

Möchten Sie für die Marke auch das Kommandowort „Marke" verwenden, prüfen Sie, ob Ihr Hund das Wort nicht mit „Warte!" verwechselt.

Matze trainiert hier das Streckenlaufen mit Zwischenstation.

Als nächstes schicken Sie Ihren Hund zur Marke und geben ihm dort ein Kommando, welches er sehr gut beherrscht, zum Beispiel „Sitz!". Setzt sich Ihr Hund, gibt es einen Click, ein Lob und einen fliegenden Keks. Rufen Sie nun Ihre Fellnase wieder zu sich und loben Sie sie. Schicken Sie Ihren Hund erneut zur Marke und fordern diesmal „Platz!". Klappt es? Dann: Click, Lob, fliegender Keks! Klappt dieser Schritt noch nicht, dann verringern Sie den Abstand zu Ihrem Hund so weit, dass es wieder funktioniert.

Von Marke zu Marke

Schnappen Sie sich eine weitere Matte. Legen Sie diese zweite Marke mit einer Entfernung von zwei bis vier Metern zur ersten Marke auf den Boden. Mit einem klaren Handzeichen und der passenden Blickrichtung schicken Sie Ihren Hund zur neuen Marke. Haben Sie ein Gewohnheitstier? Dann empfehle ich, die erste Marke für einen Augenblick aus dem Spiel zu nehmen. So kommt Ihr Hund leichter auf die Idee, dass das neue „Ding" wohl auch eine Marke ist.

Bringen Sie Ihrem Hund bei, dass er genau zu der Marke gehen soll, in deren Richtung Sie zeigen. Vermitteln Sie ihm, dass er auch von Marke zu Marke wechseln kann, ohne Zwischenstopp bei Ihnen. Im nächsten Schritt können Sie jetzt die Matten immer weiter verkleinern, bis sie nur noch die Größe einer Postkarte haben. Später ersetzen Sie die Marken gegen natürliche Gegenstände, zum Beispiel einen Stein oder eine Kastanie mit Ihrem Geruch.

TIPP

Zeigen Sie für das Kommando „Platz!“ mit Ihrem Zeigefinger Richtung Boden? Dann sollten Sie diese Geste nicht für die Marke verwenden. Ist Ihr Hund konsequent, wird er sich ansonsten ins Platz legen, statt zur Marke zur laufen.

Von A über B nach C schicken: Schäferhund Haribo ist schon bei drei Stationen angelangt.

NICHT BEWEGEN – TRICKS AM PLATZ

DAS HALTEN EINER POSITION

Mal eben ein Foto vom tricksenden Hund zu machen, in der Hoffnung, dass das Bild im Kasten ist – ein Glücksfall! Glück ist aber schwer zu kalkulieren und daher ungünstig für eine Film- bzw. Fotoproduktion.

Es gibt aber eine Vielzahl von Tricks, bei denen das Halten der Position möglich ist. Leider hat kein Hund die natürliche Veranlagung, gern in einer vorgegebenen Position zu verharren. In seinem Kopf ist er während der Ausführung schon mit dem leckeren, gleich kommenden Keks beschäftigt. Jede Sekunde längeres Halten einer Position ist daher ein Gewinn für Sie!

Ein Lob bedeutet für einen Hund, dass er mit seiner Aufgabe fertig ist. Wollen Sie ihn motivieren, weiter die Position zu halten und loben ihn dafür, führt das unweigerlich zu Missverständnissen. Den Unterschied zwischen „Das machst du prima“ und „Das hast du prima gemacht“ versteht er nicht. Ist Ihre Anforderung an die Haltedauer zu groß, führt das bei Ihrem Vierbeiner zur Verunsicherung. Voraussichtlich wird er abbrechen und glauben, dass er etwas falsch gemacht hat. Auf die Idee, dass es allein die Zeitspanne gewesen ist, die Click, Keks, Lob verhindert hat, kommt er nicht.

Das Timing mit dem Clicker kann das Zünglein an der Waage sein. Ihr Click zur Verlängerung der Haltezeit muss erfolgen, wenn der aktuell längste zu erwartende Zeitpunkt erreicht ist – also ganz kurz vor dem Moment, in dem Ihr Hund das Kommando selbst auflöst. Clicken Sie zu spät und damit in dem Augenblick, wo Ihr Hund das Kommando gerade auflöst oder sogar schon aufgelöst hat, signalisieren Sie ihm, dass es gut war aufzuhören.

TIPP

Trickreiche Hunde können im Laufe ihres Lebens lernen, dass es zu ihren Lösungsansätzen bei neuen Aufgaben auch gehören kann, neben ihren „Fragen“ an uns wie „Mit der Pfote?“ oder „Mit der Schnauze?“ auch die Zeitfrage zu stellen: „Soll ich länger machen?“.

Schön festhalten! Jede Sekunde mehr ist mit viel Training verbunden.

Filmreife Tricks
Marion Albers
outside
DATE

TRICK

SICH SCHÄMEN

Fortgeschrittene Trickser haben bestimmt schon gelernt, sich zu „schämen“: Der Hund legt dabei eine Pfote über seine Schnauze. Falls Sie diesen Trick noch nicht in Ihrem Repertoire haben, kommt hier der Trainingsplan.

Hilfsmittel:

- Haftzettel
- weite Haargummis

Sicherheits-Check:

- Das Haargummi darf auf keinen Fall zu eng sein.
- Wenn Sie Klebeband verwenden, darf es nur leicht anhaften.

Kleben Sie einen Haftzettel auf den Nasenrücken Ihres Hundes. Es wird ihn stören und er benutzt seine Pfote, um das lästige Teil zu entfernen. Sobald die Pfote an der Schnauze ist: Click, Keks und Lob. Ist der Zettel abgefallen, kleben Sie ihn wieder auf die Schnauze und warten den Moment ab, in dem die Pfote des Hundes die Schnauze berührt.

Es ist von Hund zu Hund unterschiedlich, wie schnell er versteht, was er tun soll. Probieren Sie immer mal wieder aus, ob Ihre Fellnase schon ohne Haftzettel auf die richtige Idee kommt. Geben Sie Ihrem Hund ein paar Sekunden Zeit und damit die Chance, darüber nachzudenken.

Es gibt Hunde, bei denen der Einsatz des Haftzettels nicht zum Erfolg führt. Ich gehe dann dazu über, statt des Zettels ein lockeres Haarband über die Schnauze zu ziehen. Spätestens jetzt sollte Ihr Hund das „doof“ finden und mit der Pfote probieren, das Band wieder herunter zu schieben. Auch hier gilt: Sobald die Pfote an der Schnauze ist, gibt es einen Click, Keks und Lob.

Sobald Ihr Hund weiß, worum es geht und er die Pfote hoch nimmt, um sich zu „schämen“, können Sie dem Ganzen einen Namen geben. Nun sind wir auch an der Stelle angekommen, wo es darum geht, die Haltedauer der Pfote auf der Schnauze zu verlängern.

Bisher sah der Trick so aus: Ihr Hund nimmt die Pfote hoch, streicht schnell über die Schnauze und ist fertig. Clicken Sie beim nächsten Mal für das schnelle Überstreichen nicht! Fordern Sie ihn stattdessen auf, es noch einmal zu machen. Wieder ganz schnell? Dann bitten Sie ihn, es nochmals zu tun. Hier müssen Sie nun auf jeden Fall clicken, egal, ob die Geschwindigkeit schon langsamer war oder nicht. Würden Sie es nicht tun, würden Sie Ihren Trickser verunsichern und demotivieren.

Haftzettel eignen sich ganz hervorragend zum Üben dieser Bewegung.

Auch mit solch einem lockeren Haargummi lässt sich dieser Trick einstudieren.

Das Vorgehen behalten Sie nun bei. Sie clicken erstmal nicht, wenn es viel zu schnell ist und geben ihm nach drei bis vier ungeclickten Versuchen eine Zwischenbelohnung. Versuchen Sie jede minimal längere Verweildauer der Pfote auf der Schnauze mit einem Click zu belohnen. Geclickt wird in dem aktuell am längsten zu erwartenden Augenblick und bevor Ihr Hund die Pfote wieder von der Schnauze nimmt. Bei den meisten Hunden fällt im Laufe des Trainings der Groschen und die Pfote wird langsamer oder verbleibt sogar brav auf der Schnauze. Aufgelöst wird das Kommando offiziell erst, wenn Sie clicken oder loben. Löst der Hund nach reichlich Training selbst früher und selbstständig auf, schicken Sie ihn wieder ins Kommando. Sie bestimmen das Ende der Übung.

Überfordern Sie Ihren Hund nicht! Behalten Sie im Blick, ob er die Position vielleicht gar nicht länger halten kann, weil es unangenehm ist oder durch die häufigen Wiederholungen seine Muskeln erschöpft sind.

Filmszene!

Ihr Hund steht in einem Wust aus abgerolltem Toilettenpapier. Eine Person betritt den Raum. Ihr Hund schaut und realisiert, was er da getan hat und „schämt sich“, bevor er Schimpfe bekommt.

So könnte der Sich-Schämen-Trick in der Filmpraxis aussehen.

WINKEN TRICK

Pfötchen geben war gestern – ab jetzt wird gewinkt! Für ein Werbebild möchte ein Fotograf Ihren Hund von unten, aus einer tiefen Position fotografieren, während er seine Pfote scheinbar grüßend hebt. Um Ihr Fotomodel aus dieser Perspektive ablichten zu können, ist es notwendig, dass Ihr Vierbeiner direkt am Rand eines Tisches sitzt.

Hilfsmittel:

- Eventuell Target-Stick

Sicherheits-Check:

- Wie kommt der Hund auf den Tisch? Muss man ihn hochheben oder kann er darauf springen? Gibt es eine Rampe?
- Wie ist die Tischplatte beschaffen? Ist sie griffig oder rutschig?
- Wie stabil ist der Tisch? Ist der Tisch standhaft genug, um nicht zu kippen oder zu rutschen wenn der Hund beherzt herauf oder herunter springt?

Es geht darum, dass Ihr Hund lernt, die Pfote hoch zu nehmen und zu halten, ohne dabei – wie sonst üblich – die Pfote in Ihre Hand zu legen. Wie so oft führen mehrere Wege ans Ziel. Zwei mögliche Vorgehensweisen stelle ich Ihnen hier vor. Entscheiden Sie, welche Ihnen als Mensch-Hund-Team am besten liegt oder probieren Sie beide Varianten aus.

Variante ohne Target-Stab

Fordern Sie Ihren Hund auf, Ihnen seine Pfote zu geben. Bevor die Pfote Ihre Hand berührt, ziehen Sie diese weg, zeitgleich gibt es Click, Keks und Lob. Wiederholen Sie den Vorgang einige Male. Sobald Ihr Winke-Schüler verstanden hat, worum es geht, bekommt das Ganze ein verbales Kommando: „Winken!“. Am Ende des Wink-Trainings soll es so aussehen, dass Ihr fellreicher Trainingspartner seine Pfote so lange hoch hält, wie Sie das Sichtzeichen dazu geben.

Matze hat gelernt, seine Pfote auch ohne das Berühren der Hand zu heben. Er hält sie so lange oben, wie ihm die Hand das Kommando dafür zeigt.

Wenn Sie mit Ihrem Hund bereits mit dem Target-Stab arbeiten, können Sie ihm mit dessen Hilfe das Winken beibringen.

Was sonst verboten ist, soll auf einmal erlaubt sein? Das kann beim Hund Verunsicherung auslösen.

Verbotszonen aufheben

Ich buchte einmal einen Hund, der nur die Aufgabe hatte, auf einem Sofa zu stehen und glücklich zu gucken. Beim Shooting entpuppte sich die scheinbar so einfache Aufgabe aber als komplizierter als gedacht. Das fröhliche Kerlchen fühlte sich zwar im Studio total wohl, doch sobald er auf dem Sofa war, klappte er die Ohren nach hinten und zog den Schwanz ein. Was war los? Er hatte zu Hause gelernt, dass er auf gar keinen Fall aufs Sofa darf!

Sicher hat auch Ihr Hund gelernt, dass er niemals auf Tische steigen darf. Wenn Sie ihm nun erklären, dass das für diesen Trick in Ordnung ist, dann haben Sie Geduld mit ihm.

Variante mit Target-Stab

Ihr Hund kennt bereits den Umgang mit dem Target? Wunderbar, dann können Sie dies auch zum Erlenen des Winkens nutzen. Zunächst halten Sie das Target so, dass es für Ihren Schüler ganz leicht ist, es mit der Pfote zu berühren. Klappt? Click, Keks und Lob! Im Verlauf des Wink-Trainings halte Sie die Target-Kugel immer etwas höher, bis Sie letztendlich an der Wink-Endposition angekommen sind. Erst an dieser Stelle kommt nun auch das Wort-Kommando hinzu. Wiederholen Sie die Übung mit Targetunterstützung so lange, bis Ihr Hund so sicher ist, dass er die Übung auch ohne Target durchführt.

Filmszene!

Ihr Hund hört ein Geräusch von draußen und springt von einer Bank auf den Tisch, der direkt am Fenster steht. Als der Nachbarshund vorbei geht, hebt Ihr Vierbeiner grüßend seine Pfote.
Gedreht werden soll die Filmszene aus der Perspektive der auf dem Boden stehenden Katze.

Für eine interessante Perspektive soll der winkende Hund von unten aufgenommen werden.

TRICK DER MAGNET

Ein Auftraggeber will einen TV-Spot für ein neues Schuh-Deo drehen. Dafür soll ein Hund wie durch einen Magneten angezogen seine Nase so lange in einen Schuh halten, dass er in Ruhe gefilmt werden kann.

Nein, bringen soll Smilla den Schuh nicht. Kommt sie von selbst auf die richtige Idee?

Hilfsmittel:

- Ein für den Hund gut riechender Schuh, der kaputt gehen darf

Sicherheits-Check:

- Besteht der Schuh aus ungefährlichem Material und hat keine scharfen Ecken oder Kanten?

Stellen Sie den Trainingsschuh auf den Boden. Wenn Ihr Hund nicht direkt und neugierig zum Schuh gehen sollte, was bereits einen Click wert wäre, machen Sie den Schuh interessant: Zeigen Sie darauf, stupsen Sie ihn an. Jeder Blick des Hundes, jeder Schritt darauf zu wird mit Click, Keks und Lob bedacht. Vielleicht kommt Pfiffikus recht schnell auf die Idee, den Schuh mit der Schnauze anzustupsen. Sehr gut! Sie wissen schon: Click, Keks, Lob. Lassen Sie Ihren Hund mehrfach den Schuh anstupsen.

Jetzt geht es an das Halten der Position: Beim nächsten Schuh-Stupser clicken Sie *nicht*. Ihr Hund wird Sie wahrscheinlich verwundert ansehen. Probieren Sie aus, was er macht, wenn Sie nochmals auf den Schuh weisen. Zeigt Ihr Hund den Stups nochmal? Gut so. Oder ist er unsicher und beginnt neue Wege zu suchen, um an den Click zu kommen? Kratzt am Schuh? Apportiert ihn? Ignorieren Sie dieses Verhalten und fordern Sie ihn nach kurzer Zeit auf,

Die Schwierigkeit dieses Tricks besteht darin, dass Paula ihren Riecher nicht nur kurz in den Schuh stecken, sondern in dieser Position verweilen soll.

altbekannte Kommandos auszuführen. So wird Frustration vermieden und das Gehirn nochmal kurz „neu gestartet“. Danach beginnen Sie erneut.

Filmszene!

So soll's sein: Dank des neuen Schuh-Deos riecht der Treter so wunderbar, dass der Hund mit seiner Nase darin versinkt und dabei sogar noch mit der Rute wedelt.

TRICK
HALTE ES FEST!

Filmschaffende sind oft der Meinung, dass es ganz leicht und natürlich sei, dass ein Hund einen Gegenstand im Maul festhält. Wir als Hundehalter und Ausbilder wissen, dass es viel Training erfordert, bis ein Hund etwas so lange im Maul hält, wie wir es möchten.

Hilfsmittel:

- Gegenstände zum Tragen, zum Beispiel ein Päckchen Papiertaschentücher

Sicherheits-Check:

- Wählen Sie einen leisen Fußboden aus, falls der Gegenstand herunterfällt.

Meine Empfehlung für den ersten Gegenstand: Eine Päckchen Papiertaschentücher. Es ist leicht, kann nicht zu Bruch gehen, es besteht keine Verletzungsgefahr und es ist leise, wenn es herunterfällt.

Setzten Sie sich neben Ihren Hund und bieten Sie ihm das Päckchen an. Sieht er dieses an, gibt es einen Click samt Keks und Lob. Ebenso, wenn er daran schnuppert und es ins Maul nimmt. Im nächsten Schritt geht es darum, die Haltezeit zu verlängern. Bieten Sie Ihrem Hund erneut die Taschentücher an und halten Sie Ihre Hand direkt unter sein Maul, um das Paket auffangen zu können. Ab sofort clicken Sie aber nur noch dann, wenn er die Taschentücher so lange hält, bis Sie sie ihm aus dem Maul nehmen. Da Ihr Hund die neue Spielregel noch nicht kennt, ist es wichtig, dass Sie Hilfestellung leisten und das Paket in Maulnähe auffangen. Bewegen Sie Ihre Fanghand dann ganz kurz weg. Lässt Ihr Hund das Päckchen währenddessen los: Pech, kein Click. Hat er das Paket noch im Maul: Wunderbar! Click, Lob, Keks – und vorher natürlich das Paket dem Hund abnehmen.

Zu Beginn ist das Halten mit der Dauer von nur einer Sekunde bereits großartig. Jede weitere Sekunde ist mit viel Training verbunden – bis zu einer Haltezeit von einer Minute ist es ein langer Weg. Sobald das Halten mit den Taschentüchern klappt, probieren Sie es mit anderen Gegenständen aus – bis hin zur Handtasche.

Aller Anfang ist schwer und flinke Hände sind gefragt: Die Taschentücher dürfen nicht auf den Boden fallen!

Filmszene!

Ihr Hund steht mit Tasche erwartungsvoll im Türrahmen: „Gehen wir shoppen?“

Smilla ist bereits ein echter Festhalte-Profi.

TRICK

WEITERE STILLHALTE-TRICKS

Mit dem Wissen und der Erfahrung aus den vorherigen Übungen können Sie sich nun selbst ans Werk machen und viele andere Halte-Positionen erarbeiten. Oder Sie haben andere, „alte“ Tricks, die Ihr Hund bislang nicht in Position gehalten hat? Dann ran ans Werk und probieren Sie, ob Sie nun die Stillhaltezeit verlängern können!

Ruhig auf der Seite liegen – weder Schwanzwedeln noch das Anheben des Kopfes ist erlaubt.

Die Königsklasse: wie tot auf dem Arm eines fremden Menschen hängen …

Das Verbeugen ist auch gut für die Beweglichkeit der Wirbelsäule.

Um die Männchen-Position im Sitzen zu halten, bedarf es schon einiger Übung.

Wirkt sehr vornehm: die Vorderpfoten im Platz überkreuzen.

„FREMDGEHEN“ – TRICKS MIT EINEM ANDEREN MENSCHEN

DEN NEUEN „MITARBEITER" VORSTELLEN

Die Zusammenarbeit mit dem eigenen Menschen fällt einem Hund sehr leicht – ist er doch von Welpenbeinen an daran gewöhnt. Bei Film- und Fotoarbeiten aber wird die Zusammenarbeit mit Darstellern oder Models gefordert.

Für Hunde, die auch unter normalen Umständen ungern mit fremden Menschen interagieren ist das eine echte Herausforderung. Zum Glück haben jedoch die meisten Vierbeiner nach einer leckeren oder spielerischen Anfreundungsphase kein Problem mehr damit, den Fremden nett zu finden.

Je nachdem, wie offen Ihr Hund neuen Personen gegenüber ist, ist es mehr oder weniger intensiv erforderlich, dass Sie mit ihm üben, dass andere Menschen toll sind. Schappen Sie sich hierfür feine Kekse und ein interessantes Spielzeug sowie natürlich einen dem Hund eher unbekannten Menschen. Bevor Sie den Hund auf den Menschen „loslassen", erklären Sie dem Fremden bitte genau, was er mit Ihrem Hund tun oder besser bleiben lassen soll. Ich erlebte bereits, dass ein Schauspieler sich erlaubte, einen Hund direkt durchzuwuscheln – der Hund fand es schrecklich! Er legte die Ohren an, sah zu, dass er Abstand zu dem Menschen bekam und schüttelte sich erst einmal ordentlich diese Frechheit des Fremden ab. Besser machen Sie es so: Ruhig und mit Feingefühl soll das Kennenlernen ablaufen. Der Hund darf den Fremden beschnüffeln, dann Kekse von ihm annehmen und anschließend, sofern Ihr Hund ein Spieler ist, wird von dem Fremden das Spielzeug angeboten. Ist die Kennenlernphase abgeschlossen, kann es mit dem Training oder der „Film-Szene" losgehen.

INFO

Für das Üben der Tricks in diesem Kapitel benötigen Sie fast immer eine zusätzliche Person. Der Einfachheit halber werde ich diesem Menschen den Namen „Tom" geben.

Nicht alle Schauspieler haben Erfahrung mit Hunden. Geben Sie Tipps, wie man bei Ihrem Vierbeiner gut landen kann.

TRICK

ANSPRINGEN

Als nächstes soll Ihr vierbeiniger Schüler etwas tun, was sonst absolut verboten ist: Jemanden anspringen! Dabei ist es wichtig, dass wirklich nur die Zielperson angesprungen wird. Unaufgefordertes Anspringen darf auf keinen Fall gelobt werden! So brauchen Sie keine Angst zu haben, dass Ihr Hund ein notorischer Anspringer wird.

Hilfsmittel:
- Trainingspartner
- Target-Stab
- Haftzettel

Sicherheits-Check:
- Achten Sie auf einen rutschfesten Bodenbelag!

Der Haftzettel ist bereits vom Boden an eine Wand gewandert. Daran muss sich Ihr Hund erst gewöhnen, geben Sie ihm Zeit dafür.

Zunächst sollte Ihr Hund sich mit Tom bekannt machen und Vertrauen aufbauen. Wenn Ihr Vierbeiner bereits gelernt hat, mit einem Target-Stab zu arbeiten, können Sie Ihn hier gern einsetzen, indem Sie das Target zum Beispiel an Toms Bauch halten. Springt Ihr Hund hoch, um das Target zu berühren? Dann gibt es einen Click, Keks und Lob.

Wenn Sie nicht mit einem Target-Stab arbeiten, funktioniert der Übungsaufbau auch mit Hilfe von Haftzetteln. Legen Sie einen solchen Klebezettel auf den Boden. Ihr Hund darf Sie bei den Vorbereitungen beobachten. Voraussichtlich wird er interessiert sein, was Sie da auf den Boden gelegt haben und sich den Zettel genau ansehen wollen. Ist dies der Fall, bekommt er einen Click, Keks

TIPP

Das Anspringen an Ihnen selbst zu üben macht bei den meisten Hunden übrigens keinen Sinn. Der Hund wird nicht verstehen, dass dies das Gleiche ist, als wenn er andere Personen anspringt.

Schnauzer Shorty hat es verstanden: Obwohl der Zettel jetzt an einem Menschen haftet, soll er ihn mit seiner Pfote berühren.

NIKE

und Lob. Als nächstes soll Ihr zukünftiger Filmstar auf die Idee kommen, den Klebezettel mit der Pfote zu berühren. Wenn er das mit Hilfe von Click und Lob verstanden hat, variieren Sie den Haftzettel in seiner Position, mal liegt er weiter links, mal weiter rechts. Klappt das gut, so bekommt die Position des Zettels eine neue Dimension: Es geht nach oben! Suchen Sie sich eine robuste Wand. Kleben Sie dort den Zettel zunächst auf eine angenehme Pfotenhöhe. Im Laufe des Trainings kleben Sie den Zettel nun immer höher, bis er auf „Anspringhöhe" ist. Nun endlich wird Tom mit dem Klebezettel ausgestattet. Seien Sie mutig und probieren Sie aus, ob es direkt auf der gewünschten Höhe klappt. Sollte das noch nicht funktionieren, dann kleben Sie den Zettel zunächst auf Pfotenhöhe an Tom und arbeiten sich dann langsam herauf.

Sofern Ihr Trickschüler gut verstanden hat, worum es bei dieser Aufgabe geht, beginnen Sie, ein Kommando zu geben. Ich empfehle hierfür folgende Vorgehensweise:

Der Hund zeigt das gewünschte Verhalten → Click → neues Kommandowort → Keks und Lob.

Sobald das Wort-Kommando gefestigt ist, führen Sie auch noch ein nonverbales Kommando ein. Hierzu sagen Sie das Kommando und zeigen zusätzlich Ihr Zeichen.

Um den Hund zum Springen zu motivieren, halten Sie *keinen* Keks an Toms Bauch. Ihr Vierbeiner wird sich den Keks zwar holen, jedoch nicht wissen, dass er damit tatsächlich die Aufgabe gelöst hat. Der Keks kommt erst dann zum Einsatz, wenn vom Hund ein richtiger Schritt zur Aufgabenlösung gezeigt wird.

Filmszene!

Ihr Hund liegt ruhig im Körbchen. Plötzlich hört er ein vertrautes Geräusch an der Tür. Die Tür öffnet sich, der Vierbeiner springt auf, rennt voller Vorfreude auf die hereintretende Person zu und springt sie an.

So soll es später aussehen: Shorty springt freudig die Zielperson an.

TRICK

BRINGEN UND GEBEN

Viele Hunde lernen schon im jungen Alter, dass es sich lohnt, wenn sie uns ein Spielzeug bringen. Andere Hundehalter müssen hingegen viel Kraft und Energie aufwenden, um ihrem Hund das Apportieren beizubringen. Wir legen noch eine Schippe drauf: Das Bringen von Dingen zu *anderen* Menschen!

Hilfsmittel:

- Trainingspartner „Tom“
- Verschiedene Dinge zum Apportieren

Sicherheits-Check:

- Verwenden Sie nur Gegenstände, die beim Herunterfallen keinen Lärm machen und die beim Tragen für den Hund ungefährlich sind (nicht scharfkantig etc.).

Wir setzen voraus, dass Ihr Hund bereits gut und gern apportieren kann. Nehmen Sie nun den Hausschuh von Tom und lassen ihn einige Male von Ihrem Hund zu Ihnen bringen, damit er versteht, dass dies der neue Apportiergegenstand ist. Positionieren Sie sich dann in direkter Nähe zu Tom und fordern Sie Ihren Hund erneut auf, den Pantoffel zu bringen. Nicht Sie strecken jetzt zur Entgegennahme Ihre Hand aus, sondern Tom.

Klappt es mit Ihnen in der Nähe bereits gut, können Sie das Kommando nun auch beim Namen nennen, zum Beispiel „Bote“. Nun geht es erneut darum, Abstand zwischen Ihnen und dem Hund sowie Tom aufzubauen. Vergrößern Sie die Distanzen nur sehr langsam.

Zum Ende des Trainings geht es noch um die Strecke. Vom Körbchen soll Ihr vierpfotiger Freund zum Schuh laufen, den richtigen auswählen und diesen zu Tom bringen. Positionieren Sie sich auf Höhe der Schuhe. Lassen Sie Ihren Hund nun aufstehen, zu den Schuhen laufen, den Pantoffel aufnehmen und direkt weiter zu Tom laufen. Unterstützungen von Ihnen sind via Fingerzeig möglich. Klappt? Super! Nun vergrößern Sie auch hier die Distanzen nach und nach.

Filmszene!

Ihr Hund soll von seinem Körbchen aus in den Flur laufen, dort Toms Hausschuhe finden und einen davon zu Tom bringen.

Zunächst sitzen Sie und Tom ganz nah beieinander.

Tauschen Sie beim Training nicht nur die Helferperson, sondern auch den zu bringenden Gegenstand aus.

August Macke

August Macke

TRICK

IN EINE HOSE BEISSEN

Einst im Welpenalter abgewöhnt, geht es im Drehplan mit der Szene vom „Hund am Hosenbein“ weiter: Ihr Hund lernt, auf Kommando jemandem in die Hose zu beißen! Au weia ...

Hilfsmittel:

- Sehr stabile oder sehr alte Hose
- Furchtloser Trainingspartner „Tom“

Sicherheits-Check:

- Ihr Trainingshelfer muss genügend Vertrauen zu Ihnen und Ihrem Hund haben, so dass er nicht ängstlich agiert.

Sofern Ihr Hund bereits das Ausziehen von Socken beherrscht, haben Sie schon den halben Trick im Kasten. Der Umbau von Socke auf Hose ist nämlich verhältnismäßig einfach. So geht’s: Nehmen Sie ein Stückchen Hosenbein in die Hand und geben Sie Ihrem Hund das Kommando, das Sie ansonsten für das Ausziehen der Socke benutzen. Ich behaupte, es dauert keine drei Minuten, bis Ihr vierbeiniger Schüler verstanden hat, dass die einstige Socke nun ein Stückchen Hose ist, und dass „Ausziehen“ heißt, feste daran zu ziehen.

Zieht Ihr Hund jedoch – außer gelegentlich an der Leine – bisher an nichts, so ist Ihr flinker Clicker gefragt. Trainieren Sie direkt am Helfer. Fassen Sie ein Stück der Hose des Helfers an und machen Sie die Stelle für Ihren Hund interessant. Schaut er sich die Stelle an? Schnüffelt er an ihr? Click, Keks, Lob! Als nächstes bestätigen Sie ein eventuelles Belecken des Stoffs und natürlich ein sanftes Ins-Maul-Nehmen. Interessiert sich Ihr Hund nicht weiter für die Hose, dann bieten Sie ihm das Stückchen Hosenbein wie ein Spielzeug beim Toben und Zerren an. Beißt er hinein? Jippie! Click, Keks und Lob!

TIPP

Bei meinen Hunden habe ich aus dem Basis-Trick „Sockenausziehen“ ein universell nutzbares Kommando geformt: Schubladen „ausziehen“, PET-Flaschen aus Getränke-Kisten „ausziehen“, Hosenbeine „ausziehen“ usw.

Zunächst darf Lotta ausgiebig am Hosenbein schnüffeln.

Zergelspaß! So wird Lotta richtig scharf auf die alte Jeans.

Besonders sanften, vorsichtigen Hunden bieten Sie die Hose zunächst ohne einen Menschen darin als „Spielzeug“ an. Achten Sie darauf, dass damit nur gezergelt wird, wenn Sie es möchten (auf Aufforderung), und dass aufgehört wird, sobald Sie ein Stopp-Kommando sagen. Schließlich möchten Sie nicht, dass Ihr Hund zukünftig in Hosen beißt, wann immer er möchte.

Dranbleiben! Das Beißen verlängern

In der Filmpraxis ist es sehr nützlich, wenn Sie Ihren „Beißer“ so lange in der Hose hängen lassen können, wie dies für die Szene benötigt wird. Versuchen Sie also den spätesten Moment zu erwischen, in dem Ihr Hund die Zähne noch in der Hose hat, dann schnell: Click, Lob, Lecker! Wenn Sie den Moment verpassen und Ihr Vierbeiner bereits losgelassen hat, clicken sie nicht. Geben Sie ihm erneut die Info anzubeißen und warten Sie wieder den richtigen Moment ab. Wenn das klappt, geben Sie nun die Zeit vor, wie lange er in die Hose beißen soll. Wünschen Sie sich von Ihrem Hund zunächst mindestens eine Sekunde mehr, als es bislang der Fall war. Voraussichtlich wird er in der für ihn normalen Zeit auslassen. Sie clicken nicht und schicken ihn wieder, um in die Hose zu beißen. Sobald seine eigentliche Beiß-Zeit überschritten ist, gibt es den Click, das Lob und natürlich den Keks. Es wird voraussichtlich nicht allzu lange dauern, bis Ihr Hund verstanden hat, so lange durchzuhalten, bis es clickt.

Filmszene!

Eine Bank wurde überfallen! Ihr Hund rennt dem Räuber hinterher und packt ihn am Hosenbein. Ein wahrer vierbeiniger Held!

Später, wenn der Trick richtig sitzt, kann sich Ihr Vierbeiner ruhig richtig reinhängen. Lotta, go!

TRICK

KOPF ABLEGEN

In Filmszenen und in der Werbefotografie wird oft ein Vierbeiner gesucht, der entspannt seinen Kopf auf irgendetwas ablegt: auf einem Produkt, einem Möbelstück oder einem menschlichen Bein.

Hilfsmittel:

- Stabile Kisten in verschiedenen Höhen

Sicherheits-Check:

- Die Kisten sollten keine scharfen Ecken oder Kanten haben und müssen splitterfrei sein.

Fordern Sie Ihren Hund auf, sich hinzulegen. Jetzt nehmen Sie einen Keks in Ihre Hand und bilden eine Faust, die Sie direkt vor Ihrem Vierbeiner zu Boden bewegen. Ihr Hund wird versuchen, an den Keks zu kommen. Sobald sein Kopf gerade eben den Boden berührt: Click, Hand auf, Keks raus und Lob! Wiederholen Sie den Vorgang einige Male und gehen dann dazu über, *keinen* Keks mehr in der Hand zu haben. Ihre Handhaltung bleibt dabei die gleiche. Belohnt wird nun jedoch mit einem Keks aus dem Beutel.

Nun soll Ihr vierpfotiger Lehrling den Kopf so lange unten halten, wie Sie ihm das Zeichen dafür geben. Klappt soweit? Dann ist es Zeit, dass Sie Ihre Faust vom Boden lösen und sie Stück für Stück nach oben wandern lassen. Am Ende sollen Sie ganz normal stehen können, während Sie das Sichtzeichen zum Kopfablegen geben.

Als nächstes geht es darum, dass Ihr Vierbeiner seinen Kopf auf egal welchem Gegenstand ablegt. Stellen Sie eine kleine, stabile Kiste zwischen die Vorderpfoten Ihres Hundes. Click, Keks und Lob, wenn Ihr Hund auf Ihr Kommando hin den Kopf auf die Kiste legt. Sollte Ihr Schüler total verwirrt sein, gehen Sie vor, wie bei den Anfängen des Kopfablegens.

Klappt die Übung im Liegen, geht es weiter im Sitzen und danach im Stehen. Passen Sie dabei die Höhe der Kiste der Position Ihres Hundes an.

Jetzt sind Sie mit dem Training schon fast am Ziel! Tauschen Sie die Kiste nun gegen andere Gegenstände und später gegen einen Menschen aus.

Filmszene!

Hilfe! Der Filmheld ist schwer erkrankt. Sein treuer Hund liegt mit ihm im Bett, hat seinen Kopf liebevoll auf dem Körper des Kranken abgelegt und wacht über ihn.

Bevor Smilla so schön den Kopf auf dem Bett ablegen konnte, wurde dies auf vielen anderen Gegenständen trainiert.

PROD. NO.
SCENE
TAKE
ROLL
24

UUUUND ACTION!

KEINE ACTION OHNE RUHE

Bei vielen Film- und Fotosituationen wird von Ihrem Hund das ruhige, konzentrierte Zeigen von verschiedenen Verhaltensweisen gewünscht. Im kommenden Kapitel hingegen geht die Post ab!

Die Herausforderung bei Action-Szenen ist, den Hund trotz schneller bzw. sportlicher Aufgaben steuern und lenken zu können. Auch müssen Sie das Wohlbefinden Ihres Vierbeiners bei diesen Szenen immer ganz besonders gut im Blick haben. Zu langes oder häufiges Ausführen eines Kommandos wie „Jump!“ (Seite 62) kann schnell zur Ermüdung der Muskeln führen. Zum einen steigt damit die Verletzungsgefahr für Ihren vierbeinigen Schützling, zum anderen wird es ihm auch bald keine Freude mehr machen. Optimal ist es, wenn Sie das Training beenden, *bevor* Ermüdungserscheinungen oder Unlust des Hundes erkennbar sind.

TIPP

Wenn Ihr Hund beim Action-Training merkt, dass er jederzeit „die Sau rauslassen“ kann, wird es schwierig, ihm das wieder abzugewöhnen, da das Verhalten ein Stück weit selbstbelohnend ist.

Mit Ihrer Stimme können Sie den Grad der Aktivität bzw. der Ruhe Ihres Vierbeiners beeinflussen: Fordern Sie Ihren Action-Star ruhig aber dennoch mit einer Spur Ansporn in der Stimme auf zu springen, im Lauf zu „sterben“, zu bellen oder an Handtaschen zu zergeln. Unsere sensiblen Hunde können die Tonalität ihres Menschen meist sehr gut einschätzen, so dass unsere Stimme als Intensitäts-Regler prima geeignet ist.

Wenn Sie merken, dass Ihr geliebter Vierbeiner bei den Übungen zu sehr aufdreht, sollten Sie ihn wieder etwas beruhigen. Neben dem Einsatz Ihrer Stimme kann das auch mit ruhigen Trick-Übungen geschehen oder mit dem Einfordern von schlichten, ruhigen Grundkommandos. Ist Ihr „Hampelmann“ wieder ansprechbar, erwartungsvoll und konzentriert, beginnen Sie erneut mit der Action.

Profi-Filmhund Emma entspannt während der Dreharbeiten zum Film „Der Blender“ im Jahr 2010.

TRICK

JUMP!

Die überschäumende Vorfreude eines Hundes ist wunderbar! Genau solch eine Emotion brauchen wir für die nächste Filmszene. Statt jedoch vor lauter Glück den Schauspieler anzuspringen, soll Ihr Hund nur auf der Stelle hüpfen.

Hilfsmittel:

› Target-Stab

Sicherheits-Check:

› Ist der Trainingsboden für Sprünge geeignet? Weder zu hart noch zu rutschig?
› Haben Sie genug freien Raum?

Wenn Ihr Vierbeiner schon auf einen Target-Stab konditioniert ist, können Sie diesen direkt in Sprunghöhe halten oder Sie lassen das Target nach und nach in die Höhe steigen. Jeder Sprungversuch (und noch besser: jedes Berühren des Targets) bekommt eine tolle Belohnung und zuvor den berühmten Click. Eine kleine Herausforderung ist es, im Trainingsverlauf das Target langsam ab- und stattdessen ein Sichtzeichen als Kommando aufzubauen.

Ohne die Verwendung eines Target-Stabs legen Sie sich einen besonders tollen Keks auf die flache Handfläche. Halten Sie nun diese Hand seitlich versetzt über den Kopf des Hundes. Er soll sich bereits strecken müssen, um an den Keks auf Ihrer Hand zu gelangen. Tut er das oder springt sogar schon, gibt es den Keks als Belohnung. Je mehr Ihr „Springer“ verstanden hat, was er tun muss, um an den Keks zu kommen, umso häufiger ist *kein* Keks mehr in Ihrer Hand. Das Hochhalten der Hand dient nur noch als Kommando, der Keks kommt aus dem Beutel.

Bei beiden Varianten ist der nachfolgende Aufbau des Abstandes zwischen Ihnen und der Fellnase recht kniffelig. Hier empfehle ich, mit Marken zu arbeiten (siehe auch Kapitel „Arbeiten auf der Marke“, Seite 18).

Filmszene!

Der Schauspieler will mit seinem (/Ihrem) Hund spazieren gehen. Der Vierbeiner freut sich wie Bolle und springt vor glücklicher Aufregung auf und ab.

Matze lässt die Ohren fliegen! Der Sprung klappt prima, als nächstes steht der Entfernungsaufbau zwischen ihm und seiner Trainerin an.

TRICK ÜBERFALL!

Hand aufs Herz: Klaut Ihr Hund gerne mal etwas? Jetzt darf er sich endlich ganz offiziell als Dieb betätigen! Die aus Hundesicht langweilige Handtasche, um die es hier geht, müssen Sie ihm dafür als unfassbar tolles, einmaliges, großartiges Spielzeug verkaufen.

Hilfsmittel:

- Robuste Handtasche
- Trainingspartner

Sicherheits-Check:

- Suchen Sie eine Handtasche in der passenden Größe aus, damit Ihr Hund während der Aktion nicht ins Stolpern kommt.
- Das Material der Tasche sollte natürlich ungefährlich und robust sein.

Jim lernt die Tasche gerade erst kennen und hat noch nicht verstanden, dass er hineinbeißen soll.

Zunächst machen Sie Ihren Hund mit der Handtasche bekannt. Spielen Sie mit ihm und der Tasche, nahezu alles ist erlaubt: zergeln, wegwerfen, apportieren, verstecken und finden lassen. Die Tasche soll einen besonders tollen Status für Ihren vierbeinigen Filmhelden bekommen. Hat Ihr „Taschendieb" verstanden, wie toll das neue Spielzeug ist, geht es mit dem eigentlichen Training weiter.

Legen Sie die Tasche in einiger Entfernung ab. Schicken Sie Ihren Hund zum Beispiel mit „Such Tasche!" los. Hat er sie gefunden und im Maul, fordern Sie ihn auf, zu Ihnen zu kommen. Ist er bei Ihnen, beginnen Sie ein richtig

TIPP

Die Arbeit mit dem Clicker ist für diesen Trick nicht empfehlenswert. Ihr Hund würde voraussichtlich brav zur Tasche gehen, sie ruhig nehmen und bringen. Gewollt ist aber, dass er voller Freude hinsprintet, sich energisch die Tasche schnappt und zu Ihnen zurückrennt.

Zunächst spielen Sie gemeinsam mit der Tasche, auch apportieren ist erlaubt! Zum Zergeln eignet sich dieses Exemplar eigentlich nicht so gut.

TIPP

Sofern Sie die Übungen in diesem Buch nicht der Reihe nach durchgehen, empfehle ich Ihnen, unbedingt erst das Halten der Tasche mit der Übung „Bringen und geben“ auf Seite 50 zu üben und dann zum Klauen überzugehen.

wildes Spiel mit ihm und der Tasche. Ihre Fellnase wird die Tasche mit dem tollen, wilden Belohnungsspiel verknüpfen. Bei einem ausreichend starken Trieb des Hundes sollte das gewünschte Verhalten schnell geformt sein. Bei sehr triebgesteuerten Hunden ist hier sogar etwas Vorsicht geboten, da zum Beispiel mancher Terrier irgendwann so verrückt auf die Tasche sein könnte, dass ihn fast nichts mehr hält, um sie zu bekommen.

Beim nächsten Trainingsschritt bauen Sie einen Statisten ein und lassen ihn die Tasche halten. Schicken Sie erneut Ihren Hund los um die Tasche zu holen und ermutigen Sie ihn, die Tasche aus der Hand des Statisten zu nehmen. Die meisten Hunde haben gelernt, Gegenstände, die sich in Menschenhand befinden, nicht zu nehmen, sofern es keine eindeutige Aufforderung dazu gibt. Wiederholen Sie das Training daher so lange, bis Ihr Hund selbstbewusst und sicher die Tasche vom Statisten klaut. Sie brauchen nach diesem Klau-Training Ruhe und Gelassenheit sowie konsequentes Training, um Ihrem Taschen-Dieb verständlich zu machen, dass die Tasche zwar ein mega-hammer-tolles Spielzeug zum Toben ist, aber in der nächsten Filmszene ruhig und brav gehalten werden soll. Schließlich soll er die Tasche während der Filmszene nicht totschütteln. Außerdem sollte Ihr vierbeiniger Schüler trotz der ganzen Aufregung für Ihre Kommandos empfänglich sein und Ihnen die Tasche auf direktem Wege bringen.

Filmszene!

Ein Hund rennt auf eine Frau zu und reißt ihr die Handtasche aus den Händen. Haltet den Dieb!

Auf Frauchens Kommando hin rennt Jim zu einer Frau und klaut ihr die Handtasche.

TRICK

LAUT GEBEN

Der berühmte Filmhund Lassie musste ständig irgendetwas anbellen. Dabei ist es eine kleine Kunst für sich, das Bellen eines Hundes mit einem Kommando zu steuern.

Hilfsmittel:

- Lieblingsspielzeug Ihres Hundes
- Haustür

Sicherheits-Check:

- Wo ist das Bell-Training möglich, ohne andere Menschen zu stören?

TIPP

Je schüchterner ein Hund ist, desto weniger traut er sich, (s)einen Menschen anzubellen. Sollte Ihr Vierbeiner nicht bellen wollen, verzweifeln Sie nicht! Auch beim Film gibt es viele stumme Hunde. Blättern Sie dann einfach weiter und nehmen Sie sich eine andere Aufgabe vor.

Zunächst ist es wichtig, dass Sie herausfinden, wie Sie Ihren Hund zum Bellen bekommen. Bitte kommen Sie nicht auf die Idee, nerviges Kläffen zu belohnen, wenn zum Beispiel jemand an der Tür

Gleich kommt ein Ton: Kia setzt zum Konzert an.

klingelt. Damit würden Sie lediglich verstärken, dass Ihr Hund in solchen Situationen noch energischer bellt. Finden Sie eine andere Möglichkeit, Ihren Hund zum „Reden“ zu animieren – seien Sie kreativ! Meine Hunde spreche ich zum Beispiel sehr auffordernd und aufgeregt an: „Wer kommt da? Aufpassen!“ Meine Körperhaltung ist entsprechend angespannt. Meine Hunde glauben, dass da tatsächlich etwas Ungeheuerliches im Anmarsch ist – Alarm!

Gibt es vielleicht ein Spielzeug, welches Ihr Hund über alles in der Welt liebt? Probieren Sie aus, ob sie mit einem wilden Spiel damit ein „Wuff“ aus Ihrem Hund bekommen. Genau andersherum ist es aber auch möglich: Manche Hunde beginnen zu bellen, wenn sie kurz davor sind zu verzweifeln, da sie nicht wissen,

was sie tun sollen. Legen Sie also das Spielzeug an eine für Ihren Hund sichtbare Stelle, die er jedoch nicht erreichen kann. Wufft er noch nicht? Dann bitten Sie ihn, das Unmögliche zu tun, nämlich sein Spielzeug zu holen. Zu Beginn ist es oft nur ein ratloses „Müff". Egal! Sobald die ersten kleinen Fortschritte zu hören sind, gibt es Click, Lob und Keks – auch ein „Müff" statt „Wau" wird bereits belohnt!

Sobald Ihr Hund zuverlässig bellt, lehren Sie ihm dazu das verbale und nonverbale Kommando. Trainieren Sie das Lautgeben an verschiedenen Orten, um es zu festigen und auszubauen. Erhöhen Sie dann die Schwierigkeitsstufe: Im Drehbuch ist gewünscht, dass Ihr Hund eine Haustür anbellt. Stellen Sie sich also hinter eine Tür und fordern Ihren vierbeinigen Kollegen auf, zu bellen. Funktioniert es nicht, öffnen Sie die Tür einen Spalt. Der Spalt soll dabei so klein wie möglich und so groß wie nötig sein. Nach und nach schließt sich die Tür im Laufe des weiteren Trainings wieder.

Übrigens: Sie müssen das Kommando trotz geschlossener Tür nicht sehr laut sagen. Ein Hund kann eine Maus im Gras orten – da ist es für ihn ein Leichtes, Ihr Kommando durch eine normale Tür zu hören. Der fehlende Blickkontakt verwirrt jedoch den einen oder anderen Vierbeiner, so dass ein ausgiebigeres Training nötig sein kann.

Kommt Ihr Hund auf die Idee zu knurren oder zu jaulen dann merken Sie sich, aus welcher Situation diese Töne entstanden sind. Beides sind nämlich wunderbare Verhaltensweisen, die nur schwer zu trainieren sind. Später können Sie sie dann festigen.

Filmszene!

Unheimliche Geräusche ertönen hinter der Tür. Ist es ein Einbrecher? Ihr Hund soll tüchtig bellen und so auf den Bösewicht aufmerksam machen.

Zu Beginn des Trainings sollte die Tür noch ein wenig offen stehen. Matze hier ist ein Profi, er bellt auch auf das Kommando durch die geschlossene Tür.

WELCOME
BIENVENUE
BENVENUTI
WELCOME
BENVENUTI

TRICK

DER „SCHNELLE TOD“

Spielerisch sterben können viele unserer Trick-Hunde. Die einen lassen sich schnell auf die Seite plumpsen, die anderen sinken theatralisch-langsam zu Boden. Der „schnelle Tod“ aus der Bewegung ist das Ziel dieses Trainings.

Hilfsmittel:

- keine

Sicherheits-Check:

- Suchen Sie einen weichen Untergrund aus, auf den sich der Hund gut fallen lassen kann.

Zu Beginn ist es einfacher, wenn Sie Ihrem Hund zunächst „Platz!“ aus der Bewegung beibringen. Der Umbau auf den „schnellen Tod“ ist dann nur noch eine kleine Erweiterung.

„Platz!“ aus der Bewegung

Setzen oder legen Sie Ihren Hund in einigen Metern Entfernung ab und kehren Sie zu Ihrem Startpunkt zurück. Rufen Sie Ihren Hund nun vorsichtig und leise. Er soll durchaus darüber nachdenken, ob das nun bedeutet, dass er aufstehen darf oder nicht. Voraussichtlich wird er sich nun eher langsam zu Ihnen auf den Weg machen. Würden Sie Ihren vierbeinigen

Rufen Sie Ihren Hund nur zaghaft, damit er nicht in vollem Galopp auf Sie zustürmt.

Partner laut und kräftig rufen, wäre er schneller bei Ihnen, als Sie ihn mit einem „Platz!“ stoppen könnten.

Sobald Ihr Hund den ersten Meter zurückgelegt hat, sagen und zeigen Sie ihm deutlich „Platz!“. Vermutlich ist sein „Bremsweg“ so lang, dass er erst vor Ihren Füßen stoppt und sich dort hinlegt. Um das zu vermeiden, gehen Sie Ihrem Hund zeitgleich mit der Aussprache und dem Zeigen des Kommandos schnell entgegen. Sie können auch rennen! Sobald Ihr Hund beginnt, sich hinzulegen, kehren Sie rückwärtsgehend zu Ihrem Startpunkt zurück.

Entgegen des Abstandstrainings bei anderen Tricks, wo wir zunächst mit geringen Distanzen arbeiten, ist es hier sinnvoll, direkt mit zehn bis 20 Metern zu beginnen. Bei zu kurzen Trainingsstrecken hat Ihr Hund sonst kaum eine Chance, schnell genug zu reagieren. Der Weg vom Ohr ins Gehirn und weiter in die Pfoten des Hundes ist manches Mal erstaunlich lang.

Nach wenigen Wiederholungen wird Ihr Schüler wissen, dass auf solch zögerliches Rufen direkt ein „Platz!“ folgt. Die Folge kann sein, dass er einfach erst gar nicht aufsteht. Machen Sie also aus der Übung ein Lotterie-Spiel: Mal darf er zu Ihnen durchlaufen, mal muss er „Platz!“ machen. Das hält die Motivation hoch und es bleibt für Ihren Hund spannend.

TIPP

Ich wollte nie einen „sterbenden“ Hund haben. Mein Kommandowort heißt daher „müde“.

Selbst wenn das Platz aus der Bewegung gut sitzt, benötigt der Hund immer noch eine gewisse Bremszeit.

Bei dieser Verfolgung eines Autos „stirbt“ Matze wirklich absolut oscarreif!

Umkippen aus der Bewegung

Sobald das „Platz!“ aus der Bewegung sehr gut funktioniert, geht es mit dem „Tod“ weiter, also dem Hinlegen auf die Seite, das Ihr Hund als guter Trickser bereits kann. Beginnen Sie damit, Ihren Vierbeiner zunächst nur aufzufordern, in der Entfernung zu „sterben“. Im nächsten Trainingsschritt sitzt oder liegt Ihr Hund. In zehn bis 20 Metern Entfernung stehen Sie und rufen ihn leise und ganz ruhig. Setzt er sich in Bewegung, folgt sofort Ihr Kommando für „Tod“, verbal und nonverbal.

Ziel ist es später, dass Sie Ihren Hund zu sich rufen können und er auf Ihr Kommando auf passender Höhe umkippt. Bedenken Sie, dass auch nach viel Training ein Bremsweg (Ohr-Gehirn-Pfoten) vorhanden ist und Sie das Kommando etwas eher sagen müssen, damit es mit dem Zielpunkt klappt.

Bei dem „Tod“ aus dem Lauf gibt es zu der genannten Trainingsmöglichkeit auch die Alternative, diese Übung mit Hilfe einer Marke umzusetzen. Ich selbst tendiere allerdings nicht dazu, denn voraussichtlich wird der Hundeschüler ein abbremsendes Laufverhalten zeigen.

Filmszene!

Verfolgungsjagd! Schon lange rennt unser Filmheld verzweifelt dem Auto seiner Familie hinterher. Er läuft und läuft bis er umfällt und sich nicht mehr bewegt. (Keine Sorge, in der nächsten Szene wird er gerettet.)

MIMIK-TRAINING

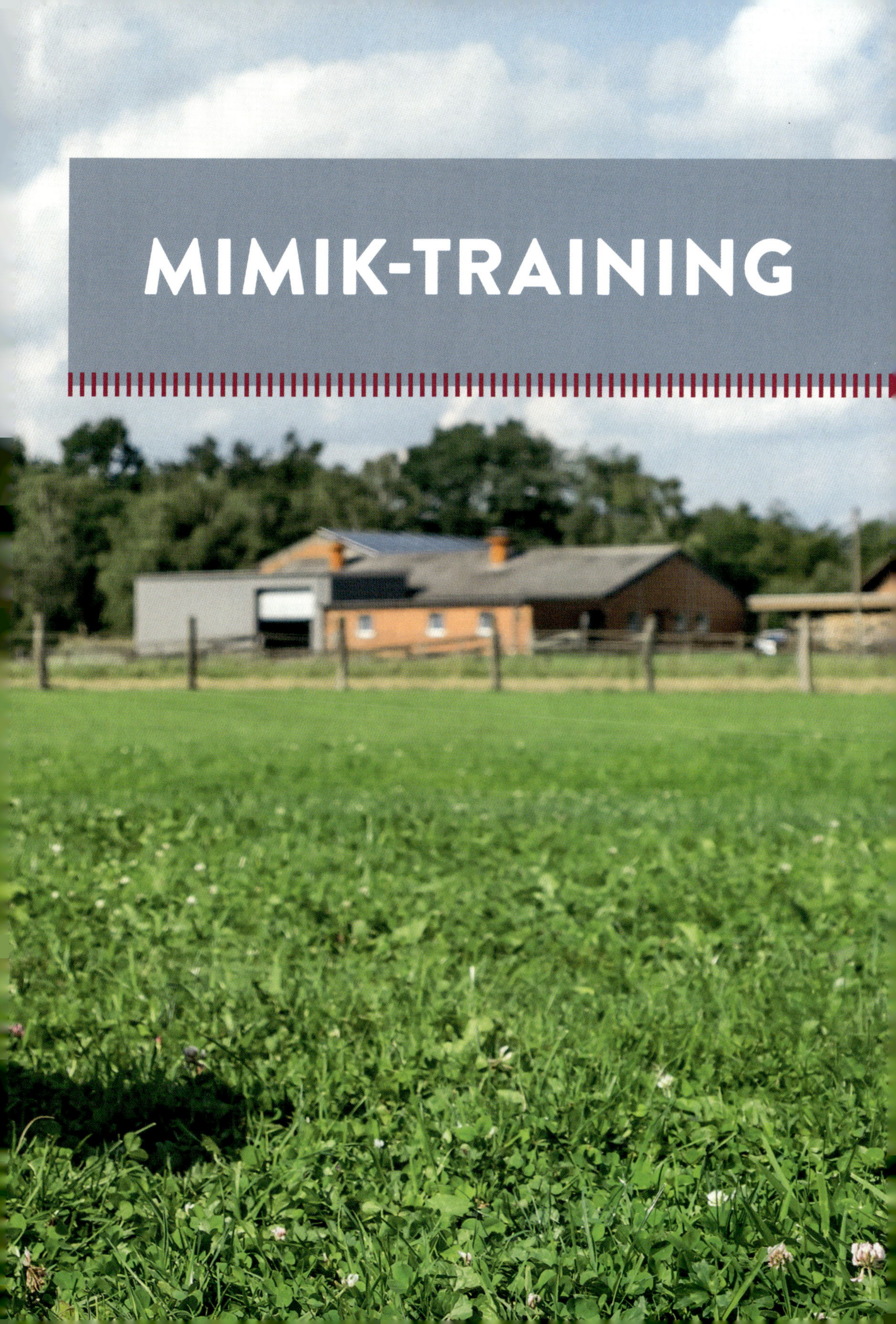

MINIMALISTISCHE KOPFARBEIT

Hunde zeigen viele kleine Verhaltensweisen, die für Film- und Fotoaufnahmen großartig geeignet sind. Das Training ist allerdings, je nach Vierbeiner, schwierig bis nahezu unmöglich!

Niesen, sich kratzen, den Kopf schief halten, die Zähne zeigen oder fletschen, jemanden anknurren, traurig wimmern oder sich schütteln: Diese Aktionen lassen sich selten aktiv von uns hervorrufen. Wenn Sie also durch Zufall beobachten, dass Ihr Hund immer oder oft eines dieser Verhalten zeigt, wenn dies oder jenes vorausgeht – herzlichen Glückwunsch! Schnell den Clicker raus! Falls Sie nicht das Glück haben, Ihren Lehrling „in flagranti“ zu erwischen, gebe ich Ihnen hier ein paar Tipps, wie es vielleicht funktionieren kann.

„Der Hund hat Flöhe!“ steht im Drehbuch. Natürlich hat Matze keinen einzigen kleinen Quälgeist, aber sich kratzen auf Kommando, das kann er super.

Beim Üben des Kopfschieflegens wird anfangs auch nur die kleinste Neigung belohnt.

Niesen

Einige Hunde niesen, wenn sie längere Zeit hochgeschaut oder aber auf dem Rücken gelegen haben. Es gibt auch Gerüche, die einen Hund niesen lassen, da sie ihm in der Nase jucken. Mit dem Wissen um die Empfindlichkeit der Hundenase rate ich jedoch von einem bewussten Einsatz von Gerüchen ab.

Sich kratzen

Besonders Hunde, die im Haus bzw. in der Wohnung kein Halsband tragen, neigen dazu, sich zu kratzen, wenn ihnen ihr Halsband umgelegt wird. Das ist Ihnen vielleicht noch nicht aufgefallen, denn draußen ist die Gassi-Freude so groß, dass das nervige Halsband schnell vergessen ist. Gleiches gilt übrigens für Hunde, die ein Geschirr tragen.

Den Kopf schief legen

Hier kenne ich nur Schiefleger und Nicht-Schiefleger. Schiefleger reagieren zum Beispiel auf das Geräusch eines Quietsch-Spielzeugs mit einem Kopfneigen. Eine besonders hochtonige Ansprache eines Schieflegers kann dies ebenfalls auslösen.

Um Frauchen die Zähne zu zeigen, muss ein Hund sehr mutig sein.

Die Zähne zeigen oder fletschen

Es gibt Hunde, die tatsächlich gerne grinsen, die zum Beispiel bei großer Freude ihre Zähne zeigen. Haben Sie solch einen? Dann besteht die Chance, dieses Verhalten zu clickern. Falls Ihr Vierbeiner nicht zu den Grinsern gehört, lassen Sie vielleicht besser die Finger von diesem Trick. Im Alltag eines Hundes kann es Situationen geben, in denen er die Zähne zeigt. Doch dieses Verhalten zu verstärken halte ich für eine sehr große Gefahr! Schließlich möchten Sie Ihrem Vierbeiner wohl kaum beibringen, dass es toll ist, wenn er zähnefletschend sein Futter verteidigt. Er wird nicht verstehen, dass Sie nur das Fletschen der Zähne als Trick toll finden, nicht seine dahinterliegende Motivation.

Knurren

Beim Knurren verhält es sich ganz ähnlich wie beim Zähnefletschen – es kann böse nach hinten losgehen. Einige Hunde geben allerdings Knurr-Geräusche von sich, wenn sie positiv aufgeregt sind. Ich habe auch schon Hunde beobachtet, die sich nicht so recht trauen zu bellen und stattdessen zunächst grummelten. Beides ist wunderbar zu clickern.

Wimmern, jaulen und heulen

Vor Ungeduld oder Aufregung beginnt so mancher Hund zu wimmern. Das ist durchaus clicker- und damit auch ausbaufähig! Jaulen und heulen sind verhältnismäßig seltene Verhaltensweise – es sei denn, es fährt ein Rettungswagen mit Martinshorn vorbei. Neben den Martinshorn-Mitsängern gibt es noch die Hunde, die zu Musikinstrumenten ihre Jaulqualitäten zeigen oder beim Gesang ihrer Menschen mit einstimmen. Clicker in die Hand und los!

Sich schütteln

Einen Hund dazu zu animieren, sich zu schütteln, ist bei all den hier genannten Verhaltensweisen verhältnismäßig

„Wuhuuu“ – Cuxdu hat das Jaulen drauf.

Bestätigen Sie immer tüchtig das nasse Schütteln – dann klappt es irgendwann auch im trockenen Zustand.

einfach. Hunde schütteln sich, wenn sie nass sind. Dabei müssen sie nicht einmal tropfnass sein, je nach Fell und Empfindsamkeit reichen auch ein paar größere Tropfen zwischen die Schulterblätter. Hunde mit Schlappohren schütteln sich gelegentlich, wenn man ihre Ohren aufklappt. Wenn Sie herausgefunden haben, wie Sie Ihr geliebtes Fellmonster dazu bewegen können, sich zu schütteln, bedenken Sie beim Training, dass eine größere Anzahl von Wiederholungen für Ihren Schützling unangenehm sein kann.

Natürliches Verhalten bestätigen

Eine andere Möglichkeit, um Ihrem Hund eine oder mehrere dieser Verhaltensweisen beizubringen, ist zwar langwierig, aber sehr erfolgversprechend. Ich erkläre es am Beispiel des Kratzens: Immer, wenn sich Ihr Hund kratzt (wie auch immer er das macht; es dürfen ruhig verschiedene Kratzvarianten sein), sagen Sie „kratzen, primaaaaa!" und sehen möglichst fix zu, dass Sie einen Keks zur Hand haben. Bis Sie das nächste Kratzen Ihres Vierbeiners sehen, können Minuten, Stunden oder Tage vergehen. Bleiben Sie am Ball! Eines Tages wird sich Ihr Hund kratzen, weil Sie es ihm gesagt haben.

Ich habe auf diesem Weg einer meiner Hündinnen das Kratzen beigebracht, allerdings mit einem amüsanten Nebeneffekt. Meistens habe ich ihr Kratzen am Abend beobachtet, wenn ich gemütlich auf dem Sofa saß. Dann sagte ich freudig das Kommando zu ihrer Handlung und griff – da so schnell nichts anderes in der Nähe war – zu einem kleinen Kartoffelchip aus meiner Chipstüte (ja, auch Hundetrainer geben ihrem Hund mal Ungesundes ...). Die Folge war: Kaum saß ich mit einer Chipstüte auf dem Sofa, kratzte und kratzte und kratzte sich meine Emma! Auf mein Kommando „kratzen!" passierte allerdings nichts, sofern ich nicht auf dem Sofa saß und mit einer Chipstüte bewaffnet war.

Ungeplante Verknüpfung: Kratzen? Prima! Aber nur mit Chipstüte in der Hand ...

DER WEG IN DIE GLITZERNDE MEDIENWELT

IN GUTEN HÄNDEN

Sofern Sie darüber nachdenken, Ihren Sofahelden zum TV-Star zu machen, lege ich Ihnen die Zusammenarbeit mit einer seriösen Film-Tier-Agentur ans Herz. Sie und Ihr Vierbeiner profitieren in vielen Punkten davon.

So gibt es zum Beispiel bei einem neuen Auftrag etliche Fragen zu klären, die Ihnen vermutlich nicht einmal im Traum einfallen würden. Ich erinnere mich an eine Anfrage für einen Auto-TV-Spot, bei dem ein Hund gesucht wurde, der kraftvoll vom Beckenrand in einen Swimmingpool springen sollte. So weit, so gut. Doch wie ist der Beckenrand beschaffen? Sind es griffige Fliesen, auf denen der Hund Halt findet? Befindet sich am Rand ein verletzungsgefährdendes Gitter für überschwappendes Wasser? Wie hoch ist der Chlorgehalt des Wassers? Gibt es außerhalb des Drehfeldes eine Rampe, damit der Hund auch leicht wieder aus dem Becken herauskommt? Ist ein Helfer vor Ort, der den Hund beim Ausstieg aus dem Becken unterstützen kann?

Tier + Schutz + Gesetz

Ein weiteres Plus für die Zusammenarbeit mit einer Film-Tier-Agentur ist die notwendige Genehmigung gemäß § 11 I S.1 Nr. 3b Tierschutzgesetz: Jeder, der ein Tier gewerblich zur Schau stellt, benötigt eine Bescheinigung von seinem Veterinäramt. Das bedeutet: Wer mit seinem Hund auftritt, ihn bei einem Fotografen gegen eine Gage ablichten lässt oder für TV-Shows oder sonst wie vor laufenden Kameras zur Verfügung stellt und dafür Geld bekommt, stellt sein Tier gewerblich zur Schau. Einige Veterinärämter sind auch der Meinung, dass das kostenlose Zurverfügungstellen des Tieres ebenfalls solch eine Bescheinigung benötigt.

Es gibt beim sogenannten „11er"-Paragraphen zum einen die Bescheinigungsmöglichkeit allein für Sie und Ihren Hund und zum anderen für Agenturen mit entsprechenden Trainern, so dass diese die Verantwortung für Ihren Hund übernehmen dürfen. Bei einer Buchung Ihres Hundes über eine seriöse Film-Hund-Agentur ist ein Trainer der Agentur mit entsprechender Bescheinigung vom Veterinäramt vor Ort.

Die Begleitung des Agentur-Trainers hat für Sie weitere Vorteile: Er ist Ihr Ansprechpartner in allen Belangen rund um das Wohl Ihres Hundes und dient

Für das Zurschaustellen Ihres Hundes benötigen Sie eine Genehmigung gemäß Paragraph 11 des Tierschutzgesetzes.

Bevor die Klappe fällt, müssen viele Dinge geklärt werden.

„Hallo! Hier bin ich!“ Effektiver als niedlich zu winken ist allerdings ein Steckbrief bei einer Filmtieragentur.

andererseits als Ansprechpartner für die Foto- bzw. Film-Crew. So können Sie sicher sein, dass es nicht nur Ihrem Hund, sondern auch Ihnen möglichst gut geht.

Versicherungsschutz

Ein weiterer Punkt ist die Versicherung des Hundes. Sie können gern mal Ihre Versicherung fragen, ob sie die Kosten übernimmt, wenn Ihr Hund bei einem Dreh oder Fotoshooting die extrem teure Kamera zu Bruch gehen lässt. Oder wenn er den Hauptdarsteller erschrickt oder beißt. Die ganze Produktion liegt lahm. Es kann erst wieder gedreht werden, wenn die Wunde des Darstellers verheilt ist. Das wird teuer. Die normale, private Hundehaftpflichtversicherung wird Ihnen freundlich erklären, dass das „natürlich“ nicht mitversichert sei. Hier tritt dann die Versicherung der Agentur ein. Nichtsdestotrotz muss Ihr Hund auch ganz normal haftpflichtversichert sein, da alle alltäglichen Schäden über Ihre Versicherung abgewickelt werden.

Gefunden werden

Die Wahrscheinlichkeit, auf der Straße von einer Produktionsfirma für eine Buchung Ihres Hundes angesprochen zu werden, ist extrem gering und kommt einem Lottogewinn gleich. Es gibt auch keine „Stellenausschreibungen" für Hunde vor der Kamera. Wer einen Job für seinen Hund möchte, hat deutlich größere Chancen, wenn er bei einer Agentur gelistet ist. Dort wird er dann entweder von potentiellen Auftraggebern samt Steckbrief gefunden oder aber von den Agenturen bei passenden Projekten angeboten. Die Agenturen haben über Jahre hinweg ein entsprechendes Kontaktnetz aufgebaut bzw. sind in der medienschaffenden Gesellschaft bekannt und werden gezielt nach Hunden angefragt.

Die passende Agentur finden

Es gibt viele seriöse Film-Hund-Agenturen, aber auch ein paar schwarze Schafe. Gute Agenturen nehmen kein Geld für eine Aufnahme Ihres Hundes in die Kartei, ebenso wenig für die Erstellung einer Setcard. Ihre Fragen sollten gern und gut beantwortet werden. Auch, wenn die Homepage der Agentur noch so schön schillert, fühlen sie ihr ruhig auf den Zahn:

- Schauen Sie nach, ob Sie einen Hinweis auf die Arbeitsweise der Agentur finden.
- Suchen Sie nach Referenzen, um einen Eindruck davon zu bekommen, wo die Schwerpunkte der Agentur liegen.
- Prüfen Sie, ob es den Hinweis auf die Genehmigung gemäß des bereits geschilderten § 11 Tierschutzgesetz gibt.
- Versuchen Sie herauszufinden, seit wann es die Agentur gibt. Je älter die Agentur, desto besser. Zum einen ist das Kontaktnetz dann größer und zum anderen würde die Agentur sicher nicht mehr auf dem Markt sein, wenn Sie schlechte Arbeit leistet.

Nicht immer ist es möglich, aber von großem Vorteil, wenn Sie die Chance haben, vor einer Buchung die Mitarbeiter der Agentur persönlich kennen zu lernen. Die Chemie zwischen den Menschen sollte stimmen, denn die Zeit am Set kann lang werden!

Eine gelungene Bewerbung

Das A und O einer guten Bewerbung ist ein schönes Foto Ihres Hundes. Ein Bild eines braunen Labradors auf schwarzem Sofa im schlecht beleuchteten Wohnzimmer lässt Ihren Vierbeiner im wahrsten Sinne des Wortes in schlechtem Licht dastehen. Damit kann weder eine Agentur noch ein potentieller Auftraggeber etwas anfangen. Suchen Sie drei bis fünf schöne Fotos Ihres Filmsternchens aus:

1. Ein Profilbild, um das Gesicht gut erkennen zu können.
2. Ein Bild im Stand, um die Größe und den Körperbau sowie das Fell des Hundes beurteilen zu können.

3. Ein Action-Bild, um einen Eindruck von der Sportlichkeit des Hundes zu erhalten.
4. Ein Bild in Pose, um zu sehen, dass sich Ihr Hund gern ausdrucksstark präsentiert.

Die Dateigröße der Bilder sollte sich zwischen zwei und fünf Megabite bewegen. Ein klassisches Format für Bilder ist JPG.

Sofern die von Ihnen ausgesuchte Agentur keinen Fragebogen für Bewerber hat, schreiben Sie frei ein paar Zeilen zu sich und Ihrem Hund: Was kann Ihr Hund? Welche Erfahrungen und Erfolge haben Sie mit Ihrem Hund bereits sammeln können? Welche Ausbildung hat er? Seien Sie fair und nennen sie auch relevante Macken.

Am Filmset verbringt man teilweise sehr viel Zeit mit dem Team, da ist es angenehm, wenn man sich gut versteht.

In die Bewerbung gehört auch die Erwähnung von eventuellen Macken des Hundes, die einen Filmdreh beeinflussen könnten.

Bellos Visitenkarte: die Setcard

Viele Agenturen fertigen von vorhandenen Bildern sowie Ihren eigenen Infos zum Hund eine so genannte Setcard. In der Regel wird Ihnen die Setcard vor dem Fertigstellen geschickt, damit Sie prüfen können, ob alles korrekt wiedergegeben ist. Den Umgang mit Setcards händeln Agenturen unterschiedlich. Einige stellen sie online, andere verschicken sie via E-Mail bei entsprechenden Jobanfragen, manche machen beides.

Ihr Hund wird gebucht!

Dann kommt irgendwann der Tag, an dem Ihre Fellnase entweder optisch oder

Name: Joy
Rasse: Australian Shepherd
Geschlecht: female
Wohnort: Hamm/Westf.

Maße in cm / kg:
Schulterhöhe: 51
Rücken: 49
Hals: 39
Brustumfang: 65
Gewicht: 17

Verträglichkeiten:
Hunde: gut
andere Tiere: unbekannt
Erwachsene: gut
Kinder: gut

Können:
Sehr guter Grundgehorsam, winken, Kopf ablegen, apportieren, schämen, Pfote auf Gegenstände stellen/legen, Gegenstände im Maul halten, rückwärtsgehen, sich drehen, Gegenstände umrunden, zu bestimmten Punkten laufen, Männchen;
Joy arbeitet sehr gut mit fremden Personen. Kommandos sind verbal und nonverbal möglich.

Hundesport / -prüfungen:
Dog-Frisbee

Erfahrung:
Showauftritte, Fotoshootings, Werbespot-Drehaufnahmen

Nach der Buchung gibt es ein Briefing. Vielleicht muss auch noch an dem einen oder anderen Trick gefeilt werden?

praktisch (vom Können) in das Suchschema eines Auftraggebers passt. Ihre Agentur wird mit Ihnen Kontakt aufnehmen und gemeinsam klären, ob das geforderte Können vorhanden ist und welche Besonderheiten gegebenenfalls zu beachten oder zu klären sind. Die zeitliche Verfügbarkeit (der Termin) wird ebenfalls besprochen sowie die An- und Abreise zum Einsatzort. Sofern nicht bereits im Vorfeld geschehen, wird jetzt auch die Gage inklusive Spesen fixiert.

Auch menschliche Models wie Heidi Klum haben eine Setcard. Diese von Joy ist mindestens genauso schön!

SERVICE

Zum Weiterlesen

- **Albers, Marion: Spiele & Action für ausgeglichene Hütehunde.** Verlag Eugen Ulmer, Stuttgart 2916
- **del Amo, Celina: Die neue Spaßschule für Hunde.** Verlag Eugen Ulmer, Stuttgart 2016
- **Jakob, Anja: Hundespiele für Zuhause. Denksport, Tricks und Spiele.** Verlag Eugen Ulmer, Stuttgart 2013
- **Sundance, Kyra: 101 Hundetricks.** Verlag Eugen Ulmer, Stuttgart 2009
- **Weiß, Cordula: Hundespiele für unterwegs. Denksport, Tricks und Spiele.** Verlag Eugen Ulmer, Stuttgart 2015

Klicks im WWW

- **www.b4animals.de**
  Website von Marion Albers: Hundeschule, Seminare, Events
- **www.b4dog.de**
  Trainingsangebot (Einzelstunden) von Marion Albers
- **www.film-hund-agentur.de**
  Website der Film-Hund-Agentur von Marion Albers
- **www.filmtierranch.de**
  Website von Renate Hiltls Film-Tier-Ranch
- **www.schickert.info**
  Bilder aus aller Welt von Peter Schickert
- **www.ernl.de**
  Taschen speziell für die Apportier-Arbeit mit dem Hund

Über die Autorin

Marion Albers teilte bereits ihre Kindheit mit Hunden. Später wurde aus der Liebe zu den Vierbeinern eine Berufung – und schließlich ihr Beruf. Die Film-Hund-Agentur, das Team der DogFrisbee-Show sowie das „ganz normale" Familienhund-Training gehören heute zu ihrem Tätigkeitsfeld. Aktuell teilt sie ihr Leben mit ihren beiden Hunden Matze und Emma.

Dank der Autorin

Ein großes Dankeschön an Steffi und Lui! Schon zum zweiten Mal habt ihr mir euer Zuhause als Location zur Verfügung gestellt und das, obwohl ihr diesmal wusstet, was das bedeutet. Ein dickes Lob und großes Danke an alle beteiligten Hunde samt ihren Menschen. Nur dank euch ist das Buch so farbenfroh und lebendig geworden! Lieber Peter, danke, dass du statt in ferne Länder zu reisen für mich Hunde fotografiert hast. Und danke Emma – ohne dich wäre ich nicht, was ich bin.

Bildnachweis

Titelbild: Peter Schickert.
Alle Bilder im Innenteil und auf dem Umschlag bis auf die folgenden stammen von Peter Schickert.
Marion Albers: S. 61
Renate Hiltl: S. 2
Eva Nimtschek: S. 14/15
Heike Schmidt-Röger: S. 81 rechts

Impressum

Bibliografische Information der Deutschen Nationalbibliothek
Die Deutsche Nationalbibliothek verzeichnet diese Publikation in der Deutschen Nationalbibliografie; detaillierte bibliografische Daten sind im Internet über http://dnb.d-nb.de abrufbar.

Wollgrasweg 41, 70599 Stuttgart (Hohenheim)
E-Mail: info@ulmer.de
Internet: www.ulmer.de
Lektorat: Kathrin Gutmann, Adina Lietz
Herstellung: Ulla Stammel
Umschlag-Konzeption: Ruska, Martín, Associates GmbH, Berlin
Umschlag-Gestaltung: Verlag Eugen Ulmer
Satz: Atelier Reichert, Stuttgart
Reproduktion: timeRay Visualisierungen, Jettingen
Druck und Bindung: Westermann Druck, Zwickau
Printed in Germany

ISBN 978-3-8186-0343-4